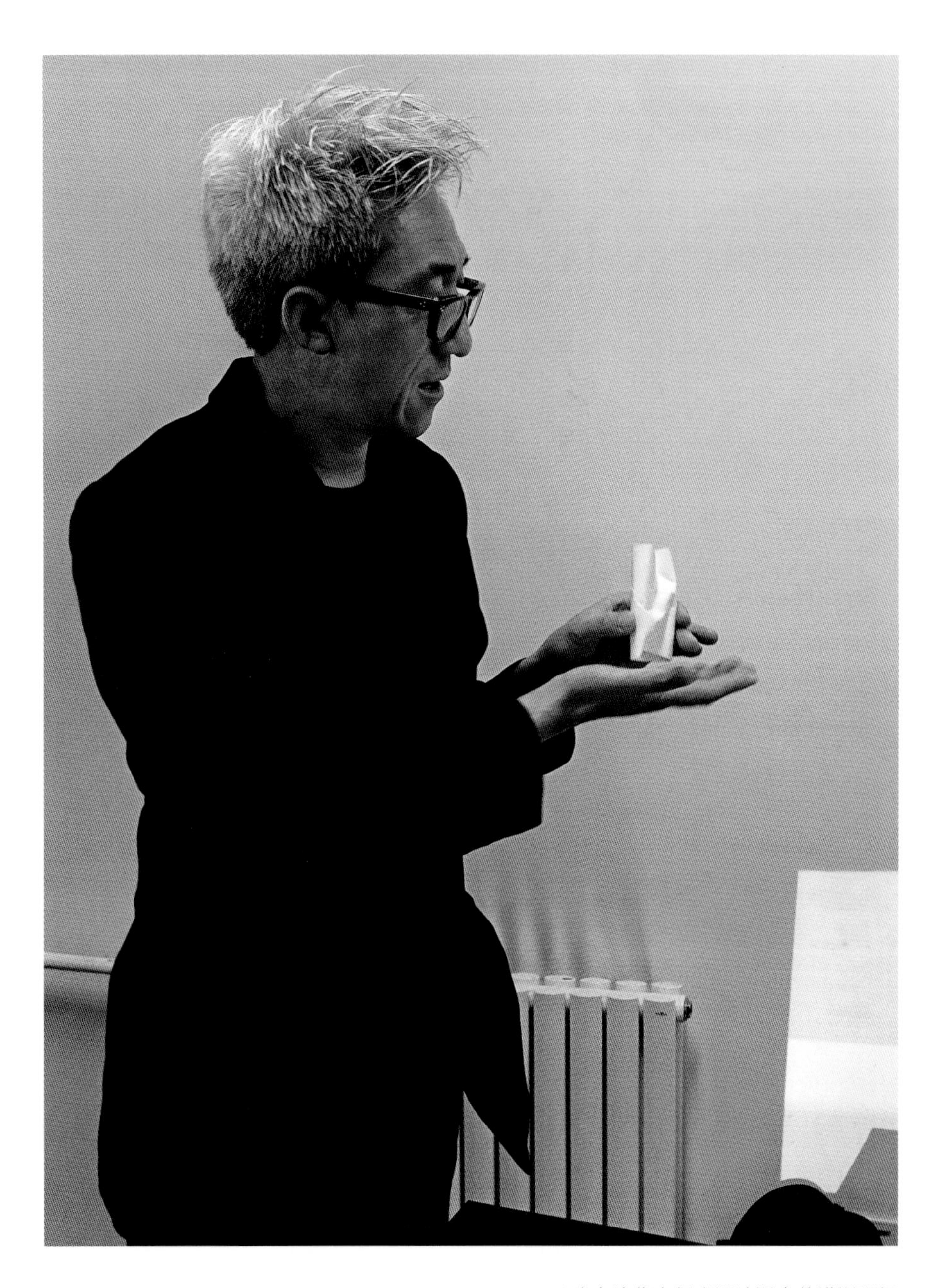

王昀在清华大师班设计课中的讲课现场

形态与观念赋予

王 昀

中国电力出版社
CHINA ELECTRIC POWER PRESS

形态不是根据观念直接获得的

在更多的情况下

是在对形态进行观念赋予过程中

抽取而来的

建筑造型活动过程的本质

是在客观世界中选取并制作出形态

目录

前言

《形态与观念赋予》是一本探讨如何简单、快速地解决建筑设计入门问题的小册子，也是《空间与观念赋予》一书的续篇。之所以持续性地关注建筑设计简单入门的问题，是因为在我看来，建筑设计本身其实是人生来具有的本能，而如何在短时期内唤醒人的这种本能，是这两本小册子的宗旨。

建筑设计本身并没有想象的那么复杂，只是由于当下建筑设计教育几乎彻底地偏离了设计本身这个主题，任意将所涉猎范围和边界盲目与妄自地扩充，进而导致建筑师迷失了自己。我们经常热衷于从社会学、心理学，从科技、结构，从经济、政治的角度去谈论建筑（这些的确也都与建筑有关，但这些其实也与其他一切学科有关），实际上均触及不到建筑学的本质。比如建筑师谈政治和建筑，政治家比建筑师谈得清楚。建筑师谈经济和建筑，建筑师不如经济学人了解经济，凡此种种，不一而足。而无论怎样，归根结底，建筑师能够做的事情，其实就是能用空间和形态把所理解的东西表达出来。 换言之，建筑最终还是一个形态问题。

表面上看，建筑设计的教学似乎一直都在关注形态问题，而事实上对于“形态”本身的探讨却一直未能成为建筑设计教学的主体，无论是“空间形态”还是“造型形态”。而当我们每每将建筑形态作为主体来讨论时，总会面临一个特别大的贬义词叫“形式主义”，似乎一谈及形式、形态，马上就会将其与坚固和实用对立起来。

实际上，建筑师最终还是要面临以形态来解决设计问题的，建筑本身最终也还是要以一种空间形态和造型形态呈现出来，无论设计过程多么曲折。

形式与坚固、形态与实用并不是矛盾的。坚固是为了保障形式得以成立，实用是保证形式与形态本身能够被采用的前提，彼此之间没有必然对立的矛盾。

也正是基于上述思考，本书将“形态生成”作为讨论的主题，希望为学习建筑的朋友找到一个从形态角度进入建筑设计大门的入口。为了使阅读的过程通俗易懂，本书仍然以简单的“三部曲”格式来完成整体论述，即：1. 基础概念；2. 形态获取；3.“空间解读”及“观念赋予”。

为了使初学者能感同身受，书中选取了笔者在清华大学建筑学院三年级教学中采用的“形态与观念赋予”教学法过程中所获得的学生作业的成果作为书中的说明案例。在此借本书出版的机会，向积极参与教学过程以及为本书提供教学案例的清华大学的范超逸、冯兆迪、丁玥、于国华、于博赞、贾紫薇、吴浩伟、陈美竹八位同学及王风雅助教表示感谢。

王昀

2019 年 5 月 20 日

1

基础概念

“形态”与“观念赋予”
一种从形态入手的建筑设计方法论

图 1-1 单层的形态简单地加以叠摞，可以获得一种复合的多层形态

“形态”与“观念赋予”

一、建筑造型在建筑设计整个过程中的位置

在已出版的《空间与观念赋予》教程中，我们以最为简单的建筑设计的入门方式，向大家介绍了如何从“空间”入手而获得建筑设计入门的方法。具体地讲述了：如何获得空间，以及如何根据所获得的空间进一步完成“观念赋予”的建筑设计方法。

这种设计入门法的根本法则可以简单地总结并归结为以下两点：

(1) 二维平面上的点线面在三维方向升起，构成柱子、墙体与屋顶。

(2) 针对上述所获得的由柱子、墙体与屋顶构成的空间进行“观念赋予”。

完成上述两个步骤，建筑设计入门便可基本掌握。

《空间与观念赋予》出版后，不少读者朋友反馈给我最多的问题是：《空间与观念赋予》一书中所介绍的入门方法及案例都是一层的建筑，没有造型变化，没有解决建筑的造型问题。

实际上如果将《空间与观念赋予》中介绍的每个单层方案加以叠摞，是可以获得一种作为结果的形态的（图 1-1）。但是我理解，读者们所说的没有解决的“造型问题”，并不是指图 1-1 所呈现的作为一种“结果”而呈现的形态，而是期待一种“建筑造型”。因为

毕竟在多数情形下，建筑还是有强烈的“造型”需求的。为了回应各位读者的这个疑问，本书将为大家提供一种从形态入手进行“建筑设计入门”的方法，对获得“造型形态”的方法进行详细阐述。为了便于在观念层面获得共识，我将在本书的“基础概念”一章中，对以下几个基本观念进行简单的定义和梳理。

二、“造型”及“造型的获得”

既然主题聚焦到了建筑造型问题，那么就有必要先来关注一下建筑形态中的造型问题。若想对建筑造型问题有个整体的了解，需要先详细和深入地理解和解读“建筑史”。考虑到有些读者并非正式地接受过建筑学教育，有必要在此对建筑形态的整体变化轨迹做一个极其简单的论述。

首先，在现代建筑产生以前，无论东方建筑史还是西方建筑史，几千年来都一直有一个“范本”存在，就是历史上有文化、有代表性的好建筑，有时被尊称为“传统”。比如古希腊、古罗马的神庙和柱式，中国的大屋顶。而这些“范本”一旦被确立，之后的建筑师们均是对这个“范本”进行直接或间接地引用，抑或对其进行些许修正（或修错），并在此基础上“注入”自己的智慧，进而使这些“范本”成为一种类似于某种建筑造型上的基因式的延续，亦即所谓建筑文化的延续。建筑师在进行建筑设计时，其脑海中第一时间呈现的必须是“范本”，如果不是这样就会被称为“反传统”或“没文化”。大家并不去追究最早确立古希腊、古罗马样式的建筑师又是如何创作出那样的伟大建筑，而仅仅将这一切作为必须接受的“传统”，后续被不断被动地“复制”和“传”与“统”下去。

从西方建筑史的角度来审视，其整体发展过程中不乏米开朗基罗、帕拉第奥等优秀的建筑师，但他们也只是对传统的建筑进行了比其他建筑师大胆一点儿的改造。而帕拉第奥的大胆则更是由于他把教堂等供奉神的空间挪用到住宅设计中,过早地实现了“住宅即神殿”的梦想。

进入20世纪，各领域呈现出井喷式的发展，特别是因交通工具的发达所提供的便利，拓展了人们的空间概念。而不同的空间体验，拓展了人类全球化的视野，也让人们感受到了多元与自由。与此同时，人们对于不同空间感受的潜在需求，使现代建筑对于空间和形态的多样性的探索呼之欲出。

如何使建筑空间更加自由，如何使建筑提供不同的空间体验，如何使建筑拥有新的形态，这成为建筑设计的重要起点。

三、形态的获得就在我们身边

古典建筑在过去的时代之所以要不断地沿用之前的形态，其背后其实隐藏着另外一个重要的原因,就是希望建造技术能够稳定与持续。由于当时建造技术的局限，“坚固”成为那个时代的主题。

20世纪后，技术快速发展，坚固性有了保障，进而释放了禁锢人们几千年的对于形态与空间表达的期待。之后，更由于商业的发达，财富在不同领域的分散式集中，建筑类型的多样化等，对自由形态的探索与表达成为广泛的可能。

21世纪的今天，3D扫描仪的出现使我们对于建筑形态的获得有了一个便捷的工具，通过使用这种新的工具，或许可以使得建筑设计的过程变得简单。可以设想，伴随3D打印技术的不断完善，在未来，3D打印建筑时代的到来，一定会带来建筑设计方法的变革。通过3D打印技术的应用，可以让周围的一切形态成为直接生成建筑的原型，可以为建筑的造型变化带来更多的可能。

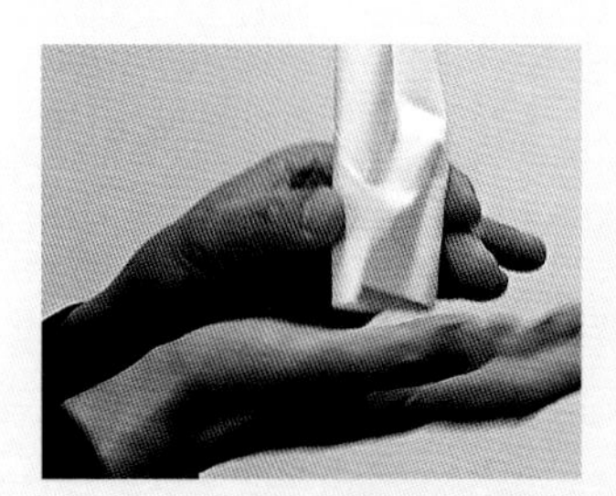

图 1-2 被捏了一下的卫生纸卷筒

图 1-3 由卫生纸卷筒生成的形态居然可以成为高层建筑的原型

图 1-2 是卫生纸卷剩下的纸筒，随手捏了一下，其生成的形态居然可以成为高层建筑的原型。接下来的工作就是 3D 扫描一下，等待将其放到城市里某个场所的机会（图 1-3）。

如图 1-4 和图 1-5 所示的是一张经过揉搓的废纸，将这个本来准备扔掉的“垃圾”经 3D 扫描之后居然可以直接生成图 1-6 的形态。这个形态可以成为体育馆的原型，也可以发展为高铁站、展示中心等需要大空间的建筑。

吃橘子时剥下的橘子皮也不要放过，仔细对其观察，或许它可以直接成为美术馆、咖啡厅的原型。同时橘子的包装袋也不要着急马上扔掉，换一个视角观察，它瞬间可能就成为一个城市中的建筑(图 1-7)。接下来将这个包装袋进行 3D 扫描，便可以获得一个很不错的基本的建筑形态（图 1-8）。随后所做的工作，就是在其内包的空间中，根据需要进行分层和空间划分，并择机放到城市环境中或景观绿地旁。

又比如一个苹果，可以被切出 N 多个建筑的原型，既可以切出高铁站、美术馆、大剧院，还可以切出体育馆……总之，想要什么，就可以切出什么。而事实上，这种随意“切”对象物并使对象物本身“符合要求”的举动，瞬间也已经与雕塑产生了关联。

据此可以大开脑洞地进一步类推：炒菜时切下的茄子根，放大后有可能是个教堂，树叶可能是一个薄壳体的汽车候车站，捡回的石头，或者刚买来的鸡蛋，3D 扫描一下可能就是美术馆，还有从菜市场买来的青椒，准备扔掉的擦鼻涕纸等，如果认真观察其形态，并将其以建筑尺度进行类比、想象，或许一个伟大的建筑造型瞬间就会被发现，简言之，凡是你周边拥有的、目光所及的东西，都可能成为建筑，或成为建筑形态的原型。

图 1-4 揉搓的废纸展开后的形态

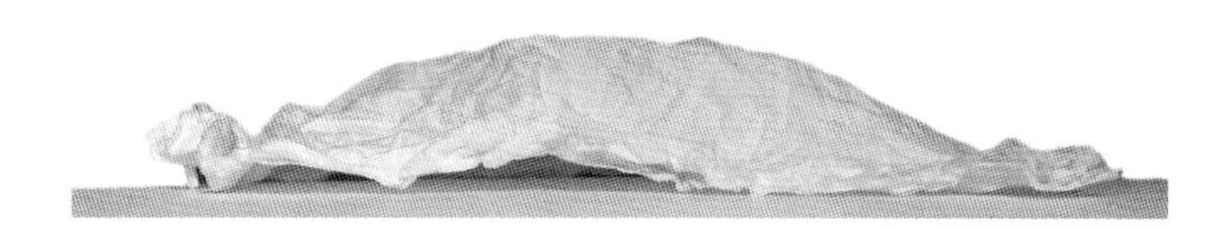

图 1-5 揉搓的废纸展开后的立面

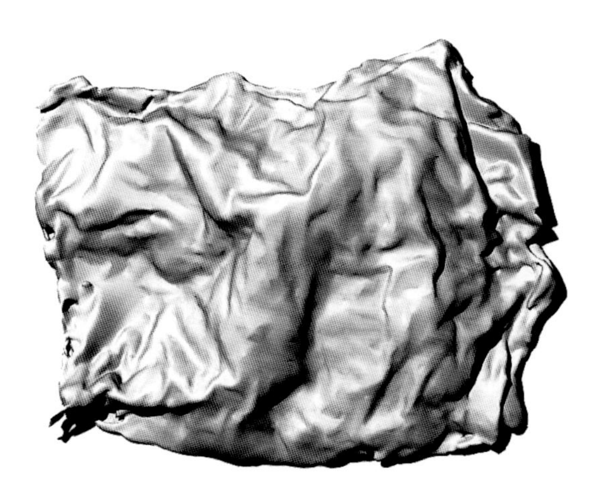

图 1-6 揉搓的废纸 3D 扫描后获得的数据模型

就是说，尽管我们不是大自然的造物者，但3D扫描技术却可以让我们简单地反向获得一个形态的参数。具体做法就是先“发现”一个对象物体，然后经过3D扫描获得这个对象物体表皮以及表皮内包的空间，接下来根据所获得的表皮数据，反向地将构成形态的那些数据点找出来，这样就可以反向地获得形态的参数。在此需要说明的是，由于3D扫描仪目前只能获取表面的数据，所以无法获得对象物的内部的结构。如果未来CT技术普及，那么将会使对象物内部结构的组成直接呈现，届时也必然会引发全然不同的内部空间以及在观念赋予层面的变革。

由此，非常简单地获得并完成了一个从造型入手的建筑设计的构思过程。同时也不难发现，新的技术手段使形态的自由获得与呈现成为可能。

扫描获得了一个表皮形态和内包空间之后，接下来的问题就是如何在内包的空间内部加上楼板的问题，是加上层层的楼板？中间加上电梯？还是在内部再嵌入一个方体空间做成“套娃式构造”的建筑（如北京国家大剧院）？所获得的内包空间既可以作为旅馆，也可以作为办公用，还可以是商店。而在获得了上面的形态和内包空间之后，下一步实际上就进入了一般性的建筑设计的操作，接下来的过程不在此做一一赘述了。

四、建筑与雕塑

论述到这里，或许不难发现，这种经过3D扫描获得形态的做法已经与雕塑相关联，因为将任何形态仅仅作为形态造型来看待时，实际上这个形态就拥有了雕塑的特征。不同的是，雕塑与建筑在尺度上有所不同，雕塑往往是一个实体形态，而建筑是实体形态与实体形态内包空间的总和。从这个层面来理解，任何一个实体形态与实体形态

图 1-7 用过的橘子包装袋

图 1-8 换一个视角观察橘子的包装袋，它瞬间可能就成为一个城市中的建筑

内包空间的总和都可以成为建筑，而任何一个容器的实体形态事实上也都是雕塑。

当你将“形态”选取出来的时候，由于人自身具备的“选好”的倾向，事实上这个形态已经过了“判断”。从抽象雕塑来看，只要拥有形态，并且拥有形态所内包的空间，这个抽象的雕塑本身便拥有了转换为建筑的可能性。换言之，只要有了可以进入其内部空间的任何一个形态，即所谓“拥有人的尺度”，或者通俗地说就是可以让人走进去并展开行为活动的尺度的实体形态及实体形态内包的空间，在对其经过“观念赋予”之后，便可以称其为建筑。

今天3D打印技术的出现，让建筑的可能性变得更加宽泛，而不是仅仅局限于砖石而已。凭借3D打印建筑技术的助力，建筑师用手一捏，一个建筑的形态就可以完成。这个技术手段不仅使建筑的创作手段得以拓展，而且还将促使人们对于建筑进行重新认识和定义，同时更重要的是使得建筑和雕塑在根源性的创作手段上得以统合。

五、尺度的变化

前面已经谈到，雕塑是从外部对其观看的，而建筑是要人能够走进去的外部和内部的总和。建筑与雕塑在尺度上的要求是不同的，然而由于雕塑的外延在近百年间不断地拓展，特别是现代雕塑在抽象性上的拓展已经不同于传统具象雕塑的展现方式，抽象的现代雕塑和拥有抽象性的现代建筑之间具有互换的可能。这种互换可能得以成立的关键点就是“尺度”问题，如果灵活运用“比例尺”这个工具，雕塑可以转换为建筑，建筑同样可以转换为雕塑。而这个转换得以成立的一个技术性环节，就是要进行尺度变换。换言之，如果在尺度层面上进行互换的话，雕塑可以成为大的建筑，建筑也可以成为小的雕塑。

什么是尺度？按照百度的解释：“所谓尺度一般表示物体的尺寸与尺码；有时也用来表示处事或看待事物的标准。尺度是许多学科常用的一个概念，在定义尺度时应该包括 3 个方面的含义：客体（被考察对象）、主体（考察者，通常指人）及时空。在有些时候尺度并不单纯是一个空间概念，还是一个时间的概念”。

其实在我看来，尺度的概念还可以有另外一种非常简单的理解方法，那就是从中国古典小说《西游记》中孙悟空拥有七十二变的本领中获得对于尺度概念的领悟。读过《西游记》的朋友一定都知道，孙悟空有一个最大的本事，就是可以在不同的场合使自己身体的尺度一会儿变大，一会儿变小。他一会儿身长千万丈，使周围的环境看上去犹如“模型”。一会儿又进入别人的肚子里，将这个肚子内部空间作为一个广阔的世界任其胡闹驰骋。一句话，他可以将自己的身体，根据需要进行“大小”“高矮”层面的伸缩和变化，进而达到“以大观小”或“以小观大”的境地。孙悟空的这种能够将自己的身体尺度根据需要加以伸缩变换的状态，就是尺度互换。只不过现实中这种身体上的伸缩变换无法真实地实现，这种伸缩变换只是存在于想象之中。面对一个拥有形态的对象物，重要的是在头脑中打开想象力，在意识层面对其进行尺度上的伸缩变化，这种尺度互换的能力实际上是建筑师必须拥有的基本素质，而建筑师所拥有的这种可将对象物在大脑中、在意的层面进行能伸能缩的观察能力，可以说是建筑师所拥有的尺度概念和运用尺度概念的能力。

记得儿时经常喜欢钻到路边上放的水泥管子里面去玩耍，有时在家里也会钻到纸箱子里面，把纸箱子看成一个家，这些都是以孩提时期自己的身体尺度为前提而得以成立。而这一切曾经的经验实际上也说明了，当你面对无论怎样的一个对象物体时，一旦你将其视为建筑，从这个瞬间开始，你要做的就是想象一下你自己进入其内部时的感受。同时，面对同一个对象物，如果你想象这是一个一层的建筑，那么你就要想象把自己变成一个适合一层建筑尺度的人物尺度的状态进入其中。如果你想让同一个对象物成为更高更大的建筑，那么你就要继续想象将自己变小的状态，想象自己在其中的感受。对象物会伴随着你自己身体尺度的变小而成为大尺度的建筑。这种尺度的变换是我们在本教程中最为基本的思考方法，也是本教程在实际应用过程中不断使用的一种重要手段。

明确了上述几个问题，我们便可以借助工具进行形态获得的操作，学习从形态入手进行“建筑设计入门”的方法，下面的内容将是针对获得“造型形态”的方法进行的详细阐述。由此我们便自然而然地进入到下一个步骤“形态获取”的环节。

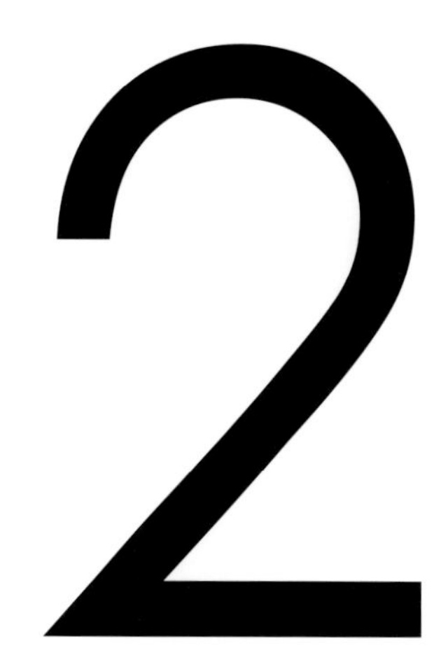

形态获取

“形态获取”的过程
实际上就是选择对象物进行 3D 扫描的过程

图 2-1 将擦完手的纸巾进行 3D 扫描，可以将其转换为雕塑，也可将其作为建筑形态的原型

“形态获取”的过程

与《空间与观念赋予》“建筑设计入门”方法中第一阶段的空间获取的手段有所不同，“形态获取”在这个阶段主要是借助3D扫描仪这个技术手段来进行形态获取。也就是说，借助工具来获取形态，即已不再像过去那样，设计师或学生们需要通过所谓的“借鉴”和“模仿”来获取形态，而是直接利用3D扫描仪。这种将所选取的对象物进行3D扫描而获得完整形态的手段本身，使得我们生活中的一切形态都有可能成为建筑的基本形态的原型。蔬菜、天然石头、鸡蛋壳、废料牛粪，甚至一张刚擦过手的纸巾展开后都有可能是一个全新的形态（图2-1），而这种自由的呈现，为建筑形态带来了一种全新的表达的可能性。

“形态获取”的过程实际上就是将任意寻取到的形态进行3D扫描并形成数据空间模型的过程。而任意寻取形态这件事，首先需要的就是冲破固有建筑观念的壁垒，并以自由的视野去打开想象力。

如何才能获得这样的自由状态，我认为具备善于发现的“自由的眼睛”非常重要。你必须打破自己头脑中固有的旧观念的壁垒，才能看到你原来“看不到”的东西，获得更广阔的信息和全新的视野。本书中阐述的“形态获取”指的就是将世间所有的视觉信息均转换为有建筑意味的空间要素。具体方法及步骤如下。

第一步，选择形态。以“自由的眼睛”自由地选择一个自己认为有趣（或喜欢）的对象物的形态。

"自由的形态"与"自由的观念赋予"

课题指导教师：王昀

自由精神所引发的自由的视线与自由的观念赋予是冲破一切束缚自由创作樊篱与障碍的崭新创新动力与必经途径。

自由的精神引发自由的畅想。

自由的空间唤起自由的观念赋予与自由生活的可能。

而这一切与未来同步。

本课题将与同学们共同探讨如何自由地发现形态并自由地对其进行观念赋予。

在強大的当代科技手段的支持下，自由将不受任何拘束。

发挥自由的想象力并展现未来建筑的可能性，期待着每位同学充满好奇心与青春活力的回应。

将自由的想象力进行固化的方法探求以及最终将其建筑化是本次教学的核心目的。

课前准备要求：

1. 在教学环节中需要用到3D扫描相关仪器，3D建模和3D打印等必要的手段，需要同学们开学前与学校一起管理的老师协商并做好相关准备。

2. 教学过程中的各种模型，特别是3D打印等需要有一定的费用支出，请同学们在假期做好勤工俭学的工作，以备课程中学习使用。

3. 上课会用到的基本制图软件：与3D打印的相关3D建模软件。CAD制图和PS软件、排版用的Indesign软件等请同学们在开学前做好准备。

4. 开学前请参考阅读与前两届教学成果相关的小册子：《我的教学》和《空间与观念赋予》（这两本书均已由中国电力出版社出版）作为预习资料，这部分是下学期课程的重要的基础。

5. 整体设计的过程将会非常辛苦，请参加的同学有充分思想准备。

最终教学成果：

（1）提交必须的设计图纸及模型（这部分占总成绩70%）。

（2）提交一本整理和展示自己设计思考过程的小册子，小册子的开本为176mm×220mm，页数不少于360P，请尽量统一用Indesign软件排版（这一部分将占总成绩的30%）。

下学期的八周课程将非常非常紧张，请同学们在前八周尽可能地安排好时间，同时在假期锻炼好身体。

2019年1月1日

图2-2　2019年春季清华大学建筑学院三年级大师班设计课程的课题任务书

第二步，获取形态造型。以所选取的对象物的形态为造型的原型，对其进行 3D 扫描或进行模型制作以获取其形态造型的数据。本书中列举的案例所采用的都是家用 3D 扫描仪。

第三步，形态造型数据的修整。利用计算机技术对上一步获得的形态造型的数据进行修补，以获得数据化的形态。

上述三个步骤就是本章节所论述的“形态获取”的整个过程。需要说明的是，这个过程对于设计师来讲是一个非常重要的过程，需要不断地、大量地积累。关键点在于，要尽可能地从不同类型的造型中进行选取，然后按上述三个步骤进行操作，获得形态造型的数据。不断地、大量地练习和操作，目的是积累更多的造型形态，以确保在“观念赋予”的阶段有更多的空间形态供设计师选择和比较。

图 2-2 是 2019 年春季我为清华大学建筑学院三年级上的大师班设计课程的课题任务书，课题名称是“‘自由的形态’与‘自由的观念赋予’”，本章节中所列举的八个案例，便是这段教学过程中的案例。这个阶段的教学内容原来安排在八周内完成，而实际上的教学是四周（28 天）内完成的。每位同学从方案开始到最终的成果表现图以及过程和最终的模型制作均在这个时间段中完成。在该课程中要求每位同学在开始的一个星期内，必须寻取出至少 12 个可以扫描的不同造型的对象物，并从中获得自由的形态。

下面所列举的这八个案例（图 2-3 ～图 2-30）正是依照前面所提到的“形态获取”的三个步骤，从任意不同类型的造型对象物的选取开始到立体空间造型状态的呈现的过程示意[1]。同时，这八个案例还与本书第三部分“空间解读”及“观念赋予”中的内容是相互联结的。

1] 本章节所列举的八组案例选自清华大学建筑学院三年级大师班设计课程作业。

图 2-3 选择的原型

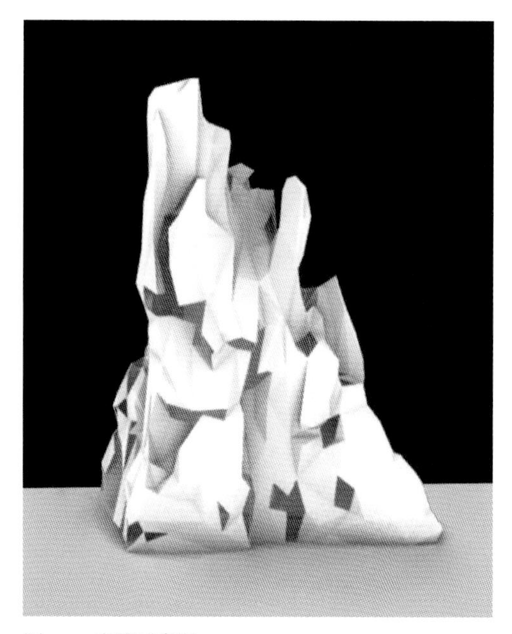

图 2-4 步骤示意图

案例一

步骤1：原型的选择。

图2-3是丁玥同学在清华新民路路边花池中拾取的一个腐朽的木块，并将其作为原形。

步骤2：对原型进行扫描，获取形态造型的模型数据。

将所选取的“腐朽的木块”通过3D扫描仪进行表层的扫描并获得相应形态的obj格式的数据文件(图2-4)。

步骤3：模型数据的修整。

在本修整过程中，依照下面所列步骤逐一完成。

①在Rhino中转化为网格面（mesh），并进行80%网格缩减，得到新的网格面（mesh）。

②选取“网格>网格编辑工具>三角化非平面的四角网格面”指令，将网格面（mesh）转化为三角面。

③将网格面（mesh）转化为NURBS面。输入“meshtonurbs”指令，将网格面（mesh）转化为多重曲面；将多重曲面从预设图层转移入新图层（图层1），之后隐藏预设图层的网格面（mesh）。

④使用“指定3或4个角建立曲面”，在新建图层（图层2）中填补扫描后产生的多重曲面的破洞。依次建立三角形平面，将该图层材质设置为“玻璃”。

⑤打开预设图层，偏移网格面（mesh）。指令“网格>偏移网格”，偏移值-0.26，勾选“建立实体”“删除输入物件”，得到薄壳，作为建筑外墙。

⑥选择上一步中建立的网格，运用指令“MeshToNurb”，得到多重曲面实体，放进图层1。

⑦将所有物件向上平移至基本处于世界平面之上。在新图层（图层3）中世界平面上建立矩形平面，作为基底。

⑧选取基底，运用“trim”指令，将图层1和图层2的物件在基底之下的部分修剪掉。

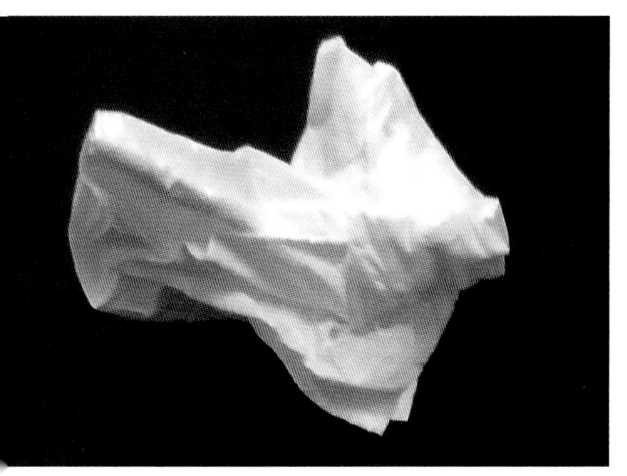

图 2-5 选择的原型

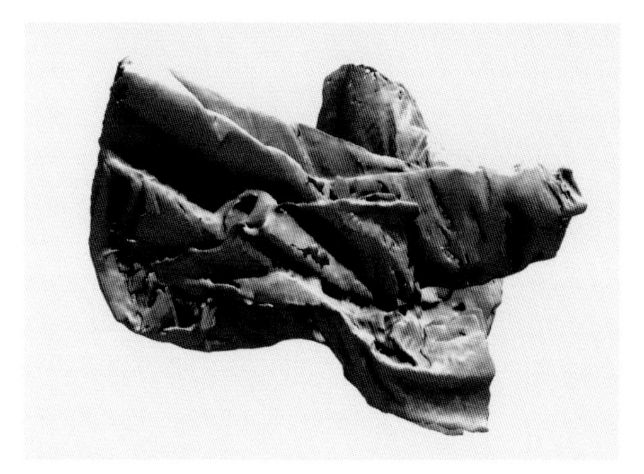

图 2-6 步骤示意图

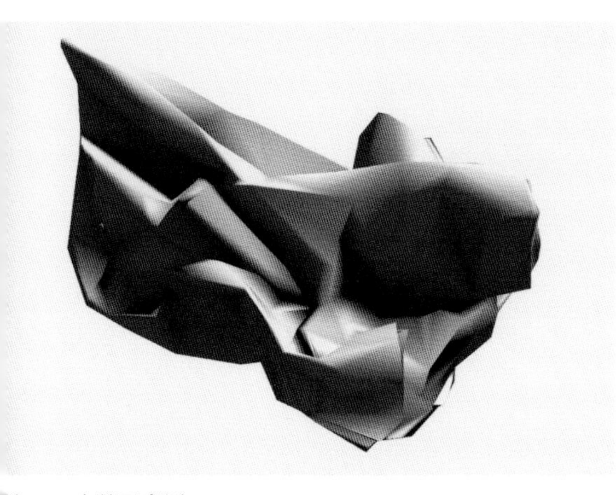

图 2-7 步骤示意图

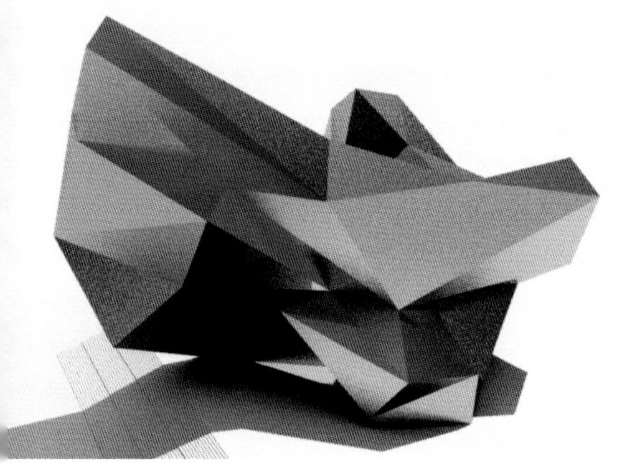

图 2-8 步骤示意图

案例二

步骤1：原型的选择。

图2-5是陈美竹同学抽取的一张20cm×20cm见方的普通餐巾纸，擦拭了刚用完的水果刀后无意中获得的一个形态。

步骤2：对原型进行扫描，获取形态造型的模型数据。

将所选择的“擦拭了刚用完的水果刀后的餐巾纸”通过3D扫描仪进行表层的扫描并获得相应形态的数据文件(图2-6)。扫描一次后，选取“点云三角化”“补洞（按平面）”，导出obj格式文件，网格密度10%。

步骤3：模型数据的修整。

在本修整过程中，依照下面所列步骤逐一完成。

①将原始扫描模型导入Rhino。

②指令“ReduceMesh”，网格面（mesh）缩减至800个。

③打开Grasshopper，使用“Weavebird’s Loop Subdivision”，使用指令“Bake”，在Rhino里得到网格（图2-7）。

④指令“ReduceMesh”，网格面（mesh）缩减至100；指令“MeshToNurb”；指令“Explode”；生成最终形态（图2-8）。

图 2-9 选择的原型

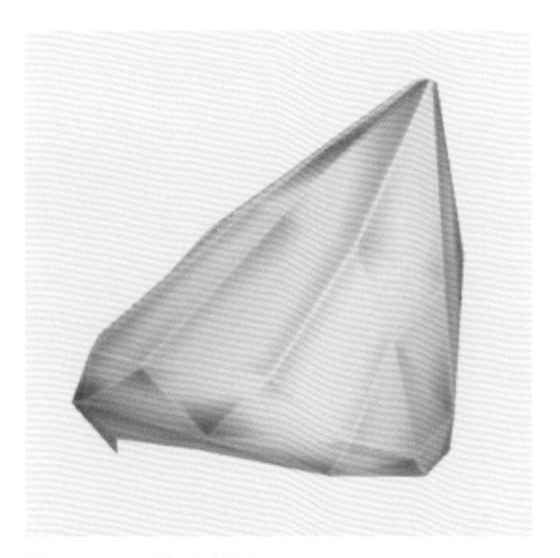

图 2-11 步骤示意图

图 2-12 步骤示意图

图 2-10 步骤示意图

案例三

步骤1：原型的选择。

图2-9是范超逸同学所选的一个海螺，接下来将其进行3D扫描，获得相应的形态数据图片(图2-10)。

步骤2：对原型进行扫描，获取形态造型的模型数据。

将所选取的“海螺”进行3D扫描，简化为10%网格面后保存为obj格式（图2-11）。

步骤3：模型数据的修整。

在本修整过程中，依照下面所列步骤逐一完成。

①导入Rhino：将 obj 模型导入Rhino。

②缩减网格面：经过多次“ReduceMesh”操作，将原有网格面（mesh）缩减至70，便于后续调整操作。

③非正常的平滑处理：对所得网格进行“Smooth”操作，将每阶的平滑系数设为2（非正常操作），平滑次数设为4。

④将所得形态略微调整角度，即得到最终模型（图2-12）。

图 2-13　选择的原型

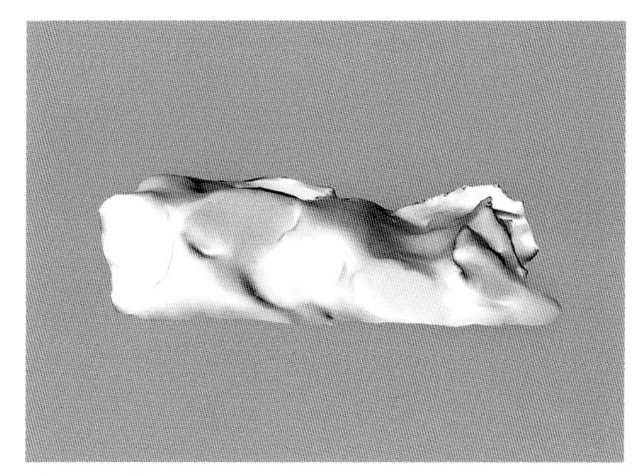

图 2-14　步骤示意图

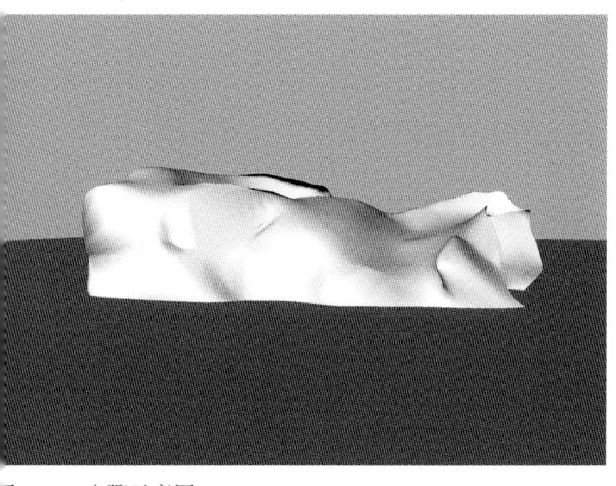

图 2-15　步骤示意图

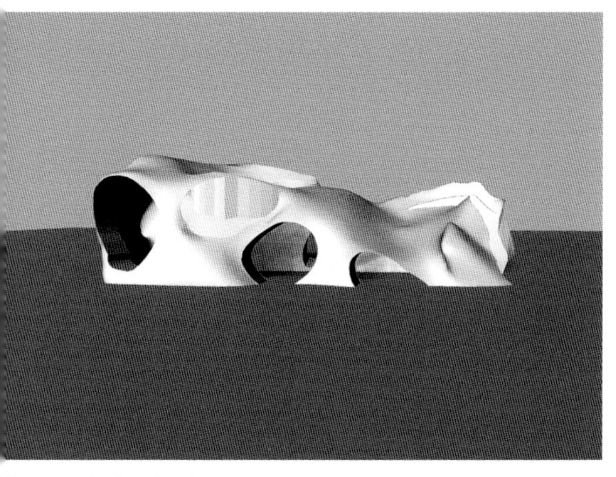

图 2-16　步骤示意图

案例四

步骤1：原型的选择。

图2-13是冯兆迪同学选择的一块牛轧糖。

步骤2：对原型进行扫描，获取形态造型的模型数据。

将所选取的“牛轧糖”进行3D扫描，获得形态造型的数据模型（图2-14）。

步骤3：模型数据的修整。

在本修整过程中，依照下面所列步骤逐一完成。

①在 Rhino 中用“ReduceMesh”指令将网格面（mesh）缩减至5000左右，并用 FillMeshHoles 指令填补小的破洞；用 Weaverbird 对网格面进行曲面柔化。

②用Weaverbird对网格面进行 offset，得到一个狰狞的内表面。

③在Rhino中打开控制点手动修补打结的部分，并用Weaverbird进行曲面柔化（图2-15）。

④沿着牛轧糖上花生的轮廓在外表面上开洞，并将外表面和内表面嵌套起来，调整至合适间距。

⑤沿外表面开洞轮廓拉出柱状的曲面，投影至内表面，并用网格布尔运算分割对内表面进行开洞。

⑥ 给外表面赋玻璃材质（图2-16）。

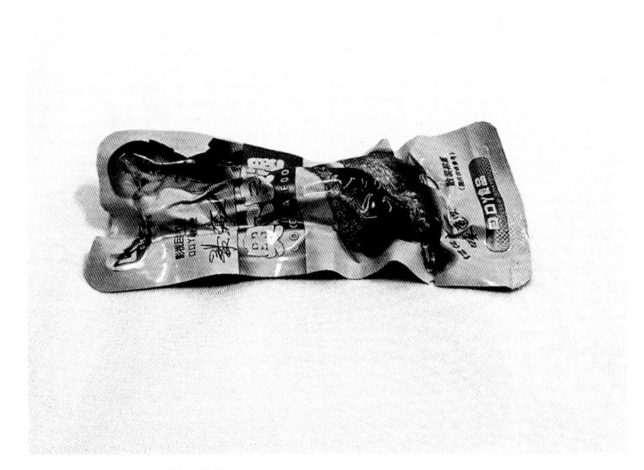

图 2-17　选择的原型

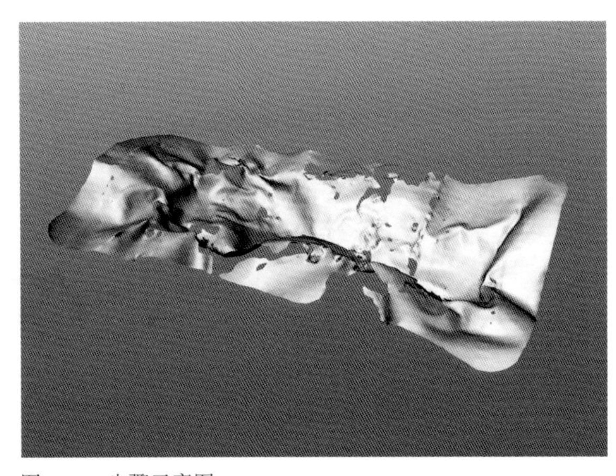

图 2-19　步骤示意图

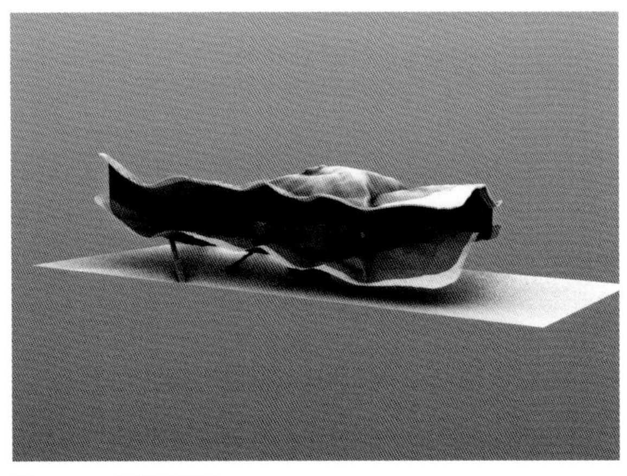

图 2-20　步骤示意图

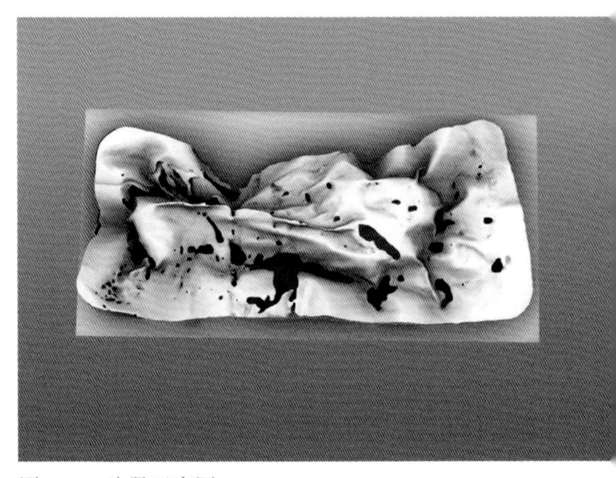

图 2-18　步骤示意图

案例五

步骤1：原型的选择。

图2-17是贾紫薇同学所选的塑化包装的麻辣鸡腿。

步骤2：对原型进行扫描，获取形态造型的模型数据。

将所选取的“塑化包装麻辣鸡腿”进行3D扫描，过程是先正面扫面一次（图2-18），然后翻过去再扫描一次（图2-19），不进行补洞操作。

步骤3：模型数据的修整。

在本修整过程中，依照下面所列步骤逐一完成。

① 载入Rhino：将任意一个模型旋转180度，将两个型对齐。选择“网格>网格编辑工具>缩减网格”令，减少网格数量。选择“网格>网格修复工具>填一个洞”指令将小洞进行修复。选择“网格>网格编工具>删除网格面”指令将不需要的面删除。

②载入grasshopper：选择“mesh>set one mesh”指令，将rhino中的物体选中载入Weaverbird插件。

③选择loop subdivision运算器，将输入端M（mesh）与mesh连接，输入端L（level）连接一个数值为3slider，输出端O（output）连接新建网格面（mesh），点击“bake”指令，即可将光滑后的mesh面选择出（图2-20）。

图 2-21 选择的原型

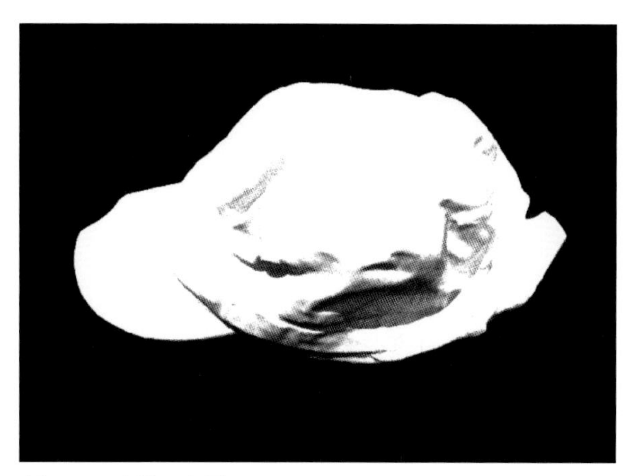

图 2-22 步骤示意图

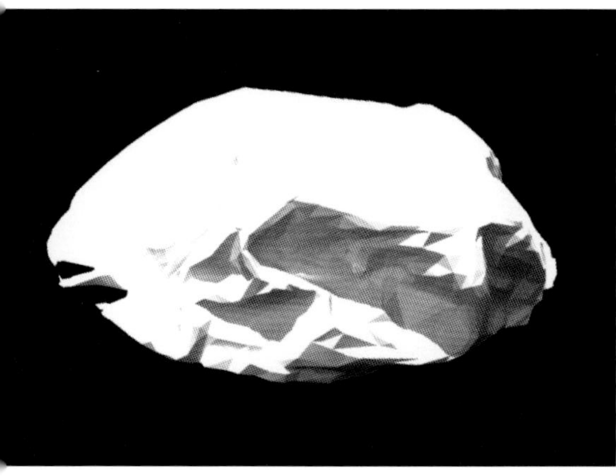

图 2-23 步骤示意图

案例六

步骤1：原型的选择。

图2-21是吴浩伟同学所选的一顶日常使用的帽子。

步骤2：对原型进行扫描，获取形态造型的模型数据。

将所选取的“帽子”进行3D扫描，获得相应的形态数据模型(图2-22)。

步骤3：模型数据的修整。

在本修整过程中，依照下面所列步骤逐一完成。

①删除帽沿等部分，修补破面，并将网格面数由92792减少为3463，得到更为硬朗的形态。

②将模型旋转至合适角度，并与地面接触，进行“meshsplit”运算，切除多余部分（图2-23）。

图 2-24　选择的原型

图 2-25　步骤示意图

图 2-26　步骤示意图

案例七

步骤1：原型的选择。

图2-24是于博赞同学所选的树叶。

步骤2：对原型进行扫描，获取形态造型的模型数据。

将所选择的“树叶”进行3D扫描，获得相应的
态数据模型(图2-25)。

步骤3：模型数据的修整。

在本修整过程中，依照下面所列步骤逐一完成。

① 模型初步调整：首先将模型多余部分删除，并缩
模型网格面数至15%，以得到稍加抽象后的模型。

②模型筛选：拟选择设计屋顶可上人的建筑，故选
较平坦、有漂浮感的外形。也因此设想将建筑置于
顶或水面上。

③ 模型细节调整：通过进一步调整模型网格面，处
好模型的接地点和缝隙，并处理上人屋面通道的缝
宽度（图2-26）。

图 2-27 选择的原型

图 2-28 步骤示意图

案例八

步骤1：原型的选择。

图2-27是于国华同学将“被挤压后的纸杯”作为所选取的形态。

步骤2：对原型进行扫描，获取形态造型的模型数据。

将所选取的“被挤压后的纸杯”进行3D扫描，获得相应的形态数据模型(图2-28)。3D扫描得到原始网格面（mesh）的个数为167400。

步骤3：模型数据的修整。

在本修整过程中，依照下面所列步骤逐一完成。

① ReduceMesh: 167400→10000（图2-29）。

② Smooth：每阶平滑系数 0.3，平滑次数 10。

③ MeshToNurb（图2-30）。

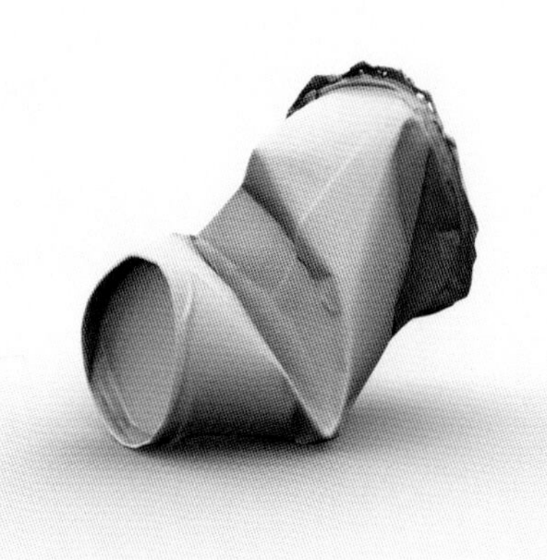

图 2-29 步骤示意图

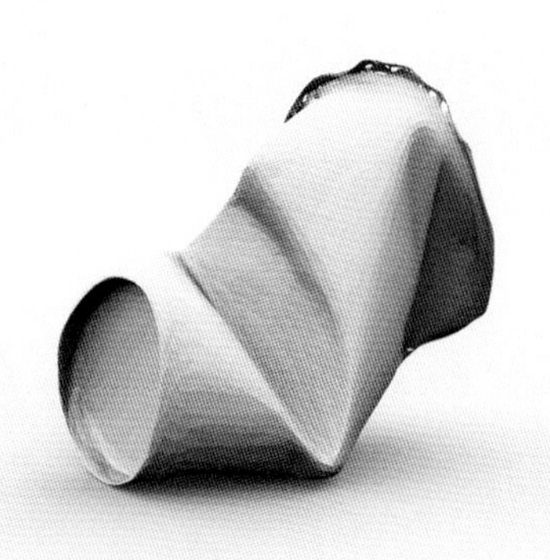

图 2-30 步骤示意图

“空间解读”及“观念赋予”

“空间解读”及“观念赋予”的过程及结果

有了形态，对其进行空间解读并将观念赋予其中，建筑便完成了

图 3-1 陈美竹同学所进行的“观念赋予”的结果——科幻电影体验馆设计的 3D 打印模型

“空间解读”及“观念赋予”的过程及结果

我们在前一章中已经“获取”到“众多”数据化的形态造型以及“形态所围合与包裹的内部空间”，究竟从中选择哪一个“形态所包裹的内部空间”？所选取的这个“形态所包裹的内部空间”该如何去使用？其实这些数据化了的形态以及所包裹的内部空间，与《空间与观念赋予》一书开篇中所谈到的情形一样，均如同远古时期存在于世间的“山洞”一样，等待着被人类发现，等待着被人类“注入”合适的“功能”。将所选择的“形态及形态所围合与包裹的内部空间”中注入功能、展开生活行为的过程就是所谓“空间解读”及“观念赋予”的过程。具体需重点考虑以下两方面内容。

1. 首先要仔细观察所选取的空间中适合展开怎样的生活，据此确立建筑本身使用方式和使用功能，进而确定建筑的使用性质和名称。

2. 确立建筑空间的尺度关系：整体建筑具体尺度的确立需要查阅相关的建筑设计资料集和相关的建筑设计规范，在此基础之上，以这些规范要求的数据为参考来确立作为功能空间使用时的建筑的基本尺度关系。

本章中所呈现的八个案例（图 3-1 ～图 3-33），分别是以第 2 章“形态获取”中列举过的空间形态造型为母本，进而对这些形态所围合与包裹的内部空间形态进行“空间解读”及“观念赋予”的结果呈现。限于篇幅，本章中仅将图 3-28 ～图 3-31 这一组“空间解读”及“观念赋予”的结果进一步地以最终表现图纸的方式呈现给大家 (图 3-13、图 3-14)。

科幻电影体验馆

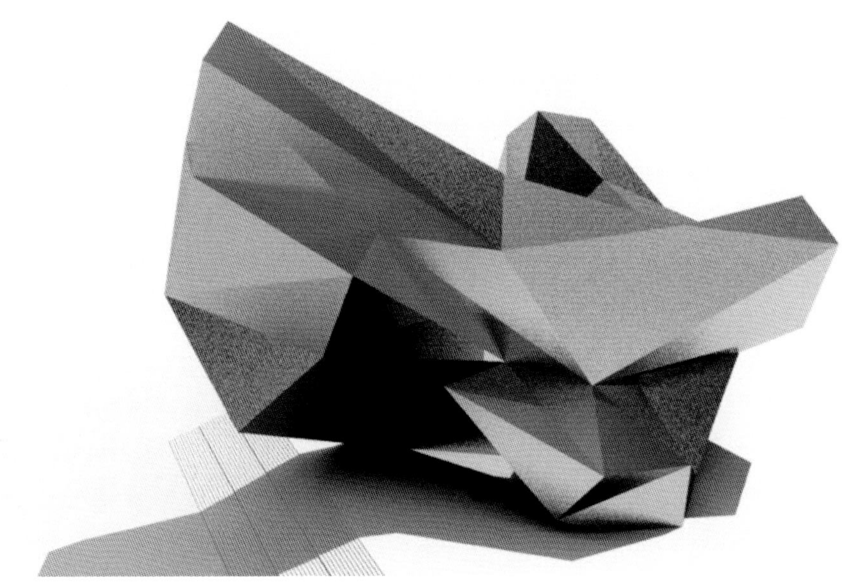

图 3-2 科幻电影体验馆设计

图3-2是陈美竹同学以上一章中扫描“擦拭了刚用完的水果刀后的餐巾纸”所获取的形态造型(图2-6)为基础所做的美术馆方案设计。设计时陈美竹同学在对图2-8进行解读的过程中将科幻电影体验馆的使用功能“赋予”其中，使得原本仅仅作为准备扔掉的一个随意的“垃圾”而存在的对象物，借助3D扫描仪这个工具，成为形态的原型，并从中获得形态造型的模型数据。该形态造型在经过了“空间解读”及“观念赋予”，并被注入了实际的使用功能之后，其转换成的结果的剖面图和平面图如图3-3、图3-4所示。至此，形态本身也就转换为了建筑。在完成了从形态到建筑的转换过程之后，还需要为这个建筑寻找一个适合它存在的空间、环境与场所。陈美竹同学选择北京五道口地铁站西侧作为其立地环境，并将其命名为科幻电影体验馆。

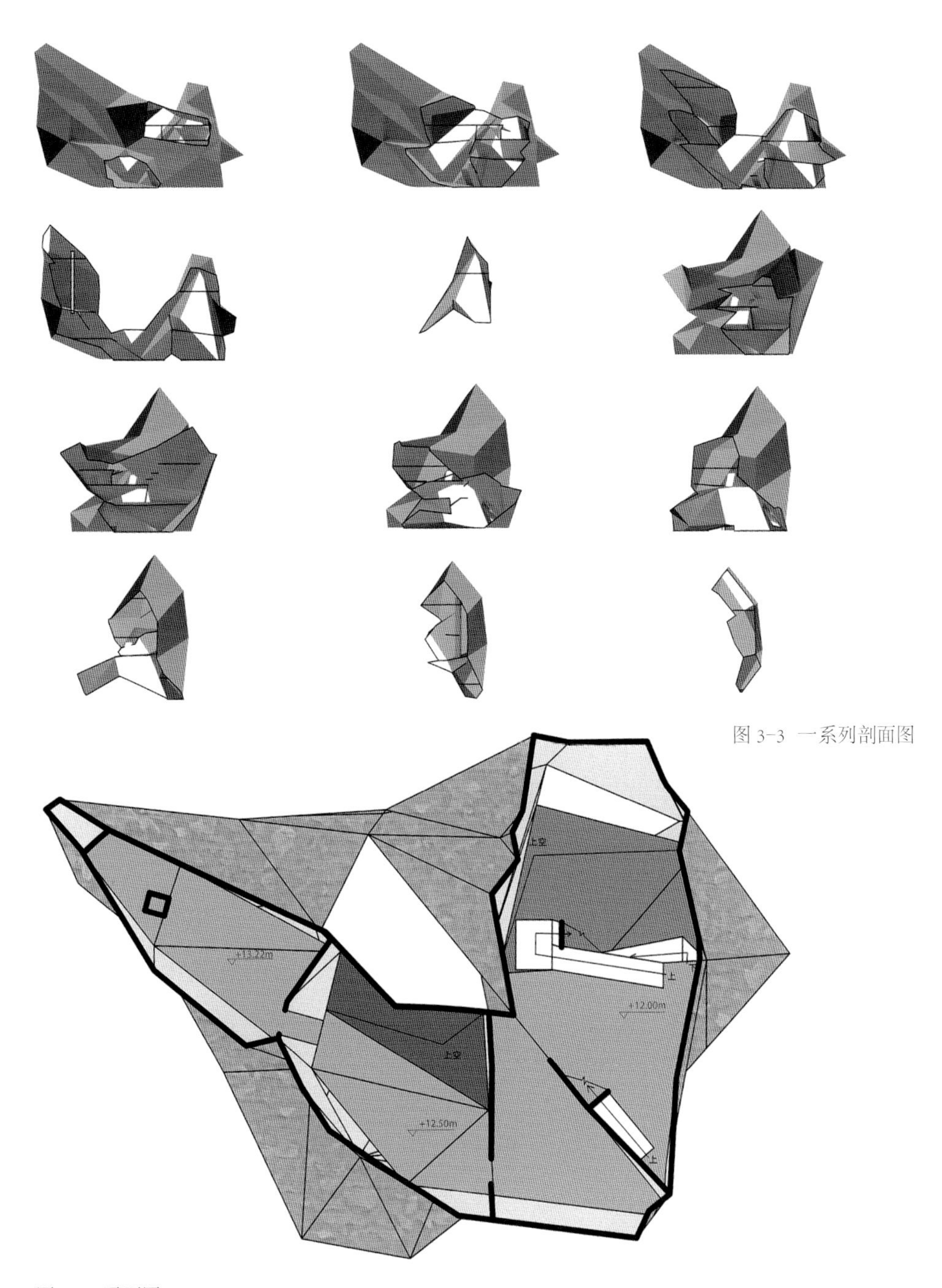

图 3-3 一系列剖面图

图 3-4 平面图

青年活动中心

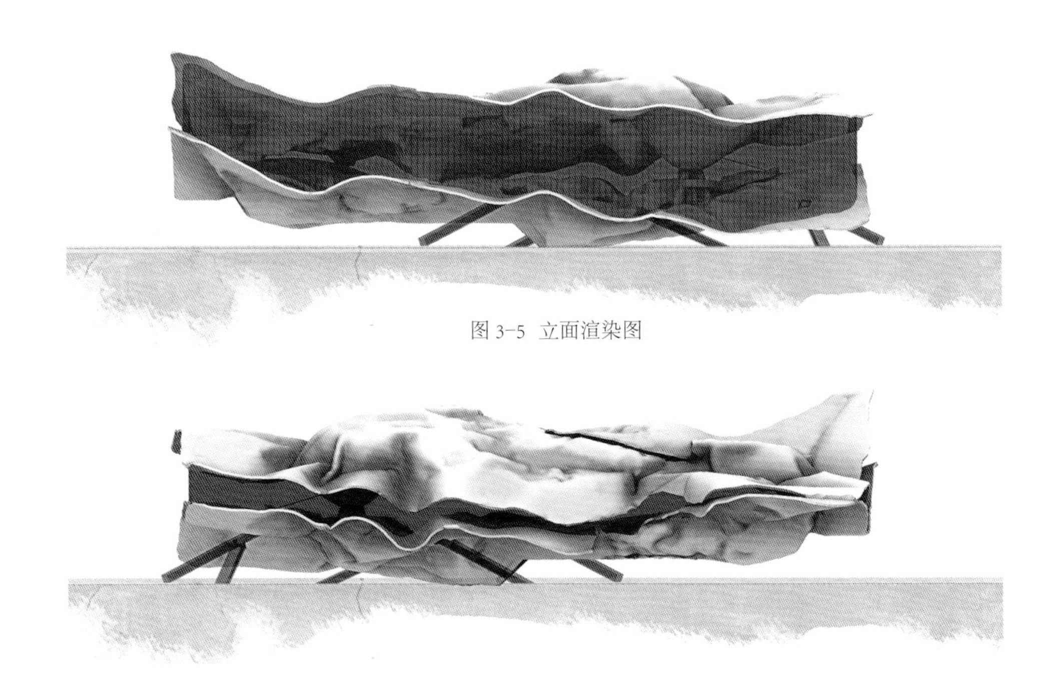

图 3-5 立面渲染图

图 3-6 立面渲染图

图3-5、图3-6是贾紫薇同学以上一章中扫描“塑化包装麻辣鸡腿”(图2-17)所获取的形态造型(图2-18～图2-20)为基础所做的“青年活动中心”方案设计。设计时贾紫薇同学在对图2-20进行解读的过程中将活动中心以及交流活动建筑的使用功能“赋予”其中，使得原本仅仅作为“真空包装食品”而存在的对象物，借助3D扫描仪这个工具，成为形态的原型，并从中获得形态造型的模型数据。该形态造型在经过了“空间解读”及“观念赋予”，被注入了实际的使用功能后，转换成相关图纸(图3-7～图3-9)。至此，形态本身也就转换为了建筑。在完成了从形态到建筑的转换过程之后，还需要为这个建筑寻找一个适合它存在的空间、环境与场所。贾紫薇同学将北京中关村周边作为其立地环境，并将其命名为青年活动中心。

图 3-7 立面渲染图

图 3-8 立面渲染图

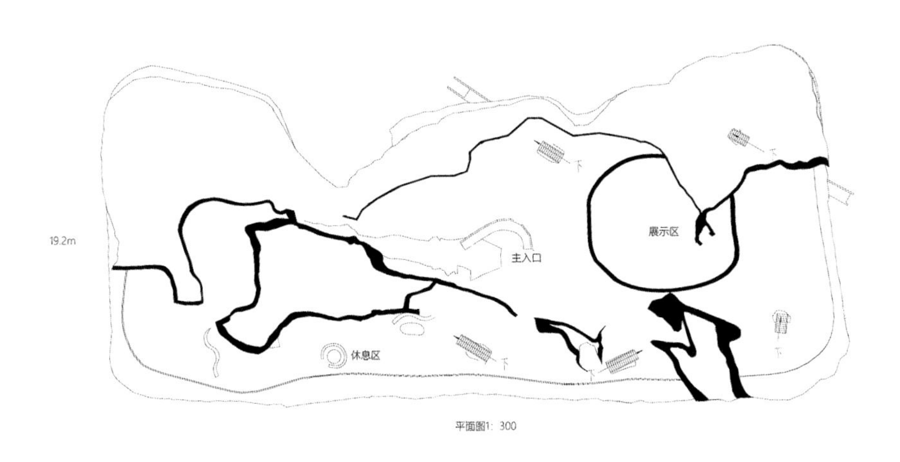

图 3-9 平面图

建国 70 周年纪念馆

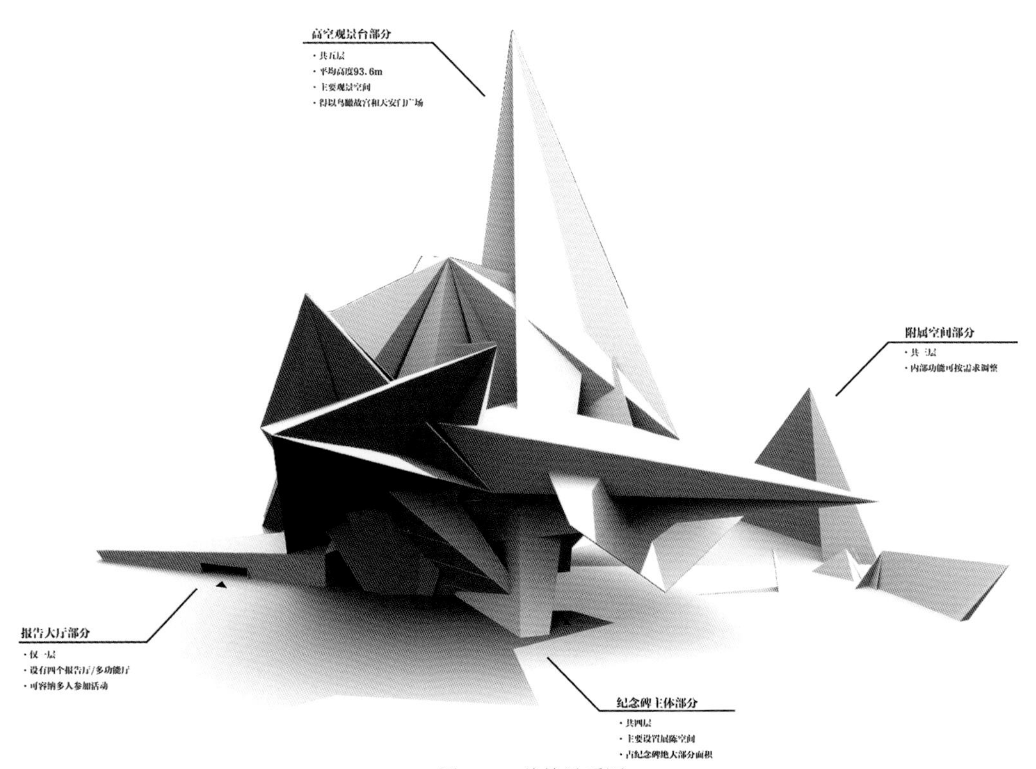

图 3-10　体块关系图

图 3-10 是范超逸同学以上一章中扫描海螺（图 2-9）所获取的形态造型（图 2-11、图 2-12）为基础所做的“建国 70 周年纪念馆”方案设计。设计时范超逸同学在对图 2-12 进行解读的过程中将展览建筑的使用功能“赋予”其中，使得原本仅仅作为海螺而存在的对象物，借助 3D 扫描仪这个工具，成为形态的原型，并从中获得形态造型的模型数据。该形态造型在经过了“空间解读”及“观念赋予”，被注入了实际的使用功能后，转换成相关图纸（图 3-11 ～图 3-13）。至此，形态本身也就转换为了建筑。在完成了从形态到建筑的转换过程之后，还需要为这个建筑寻找一个适合它存在的空间、环境与场所。范超逸同学将北京天安门广场作为其立地环境，并将其命名为建国 70 周年纪念馆。

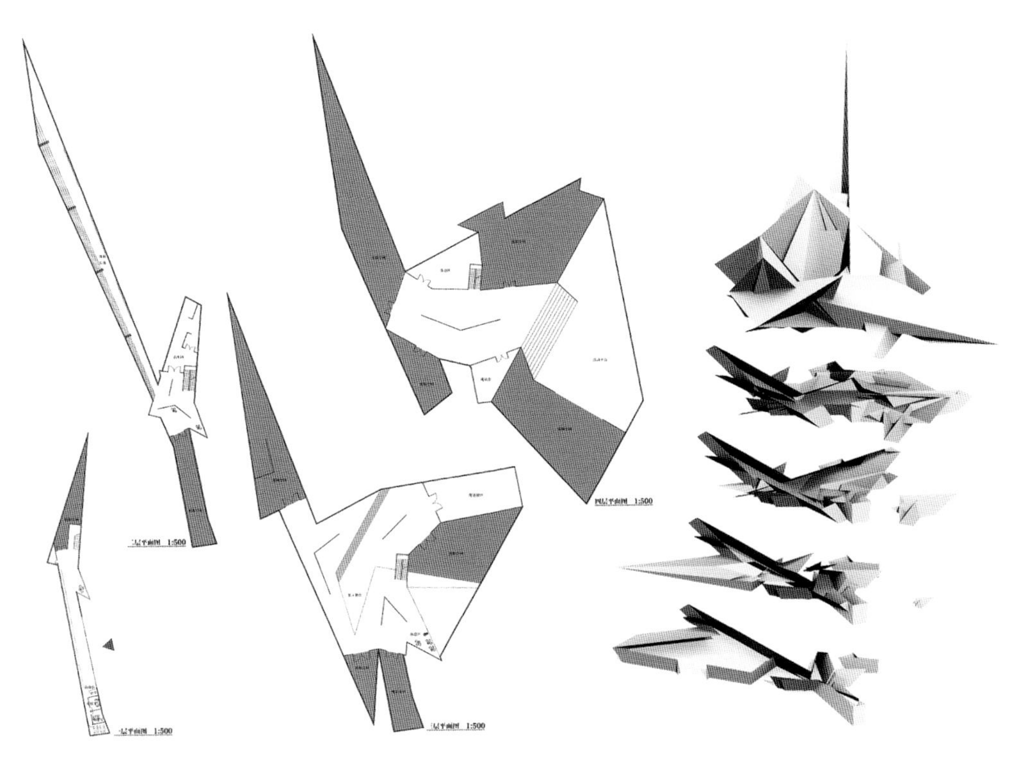

图 3-11　平面图　　　　图 3-12　空间组合关系图

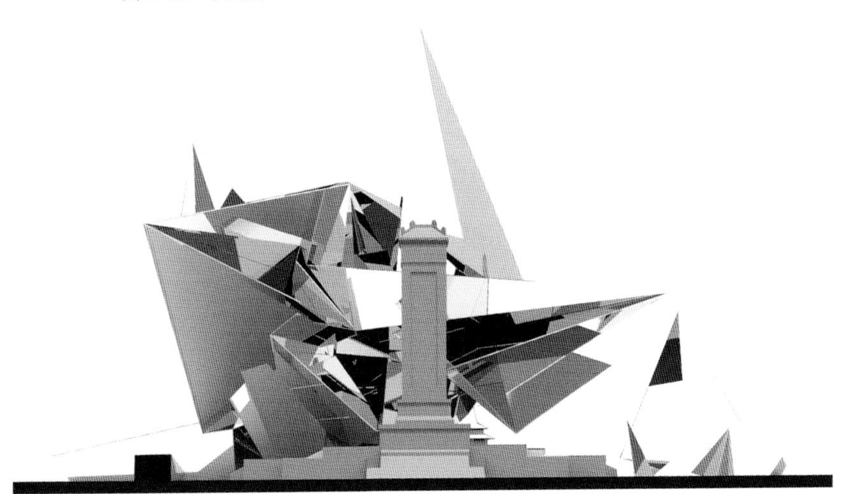

图 3-13　立面渲染图

创想公社方案设计

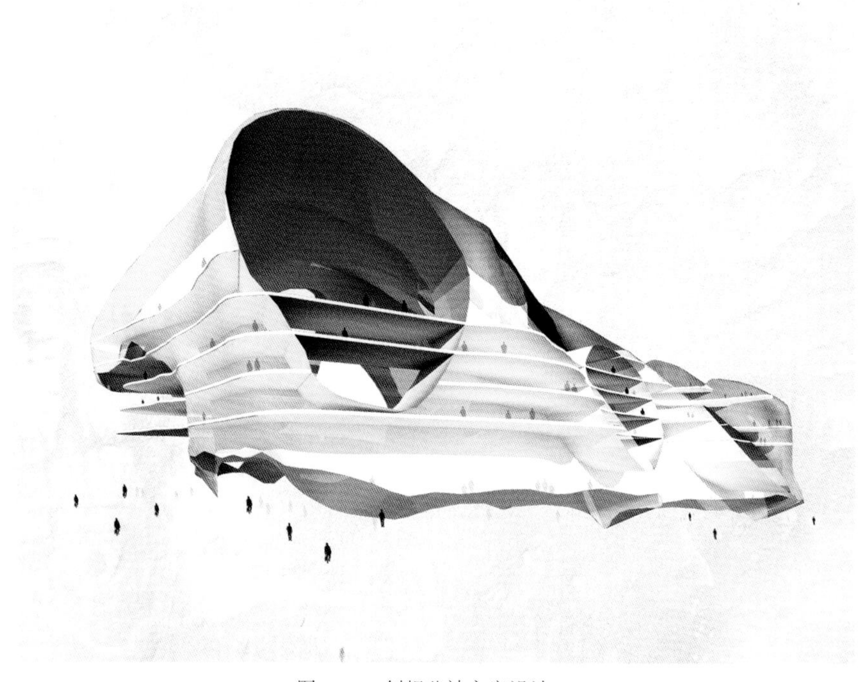

图 3-14　创想公社方案设计

图 3-14 是冯兆迪同学以上一章中扫描的牛轧糖（图 2-13）所获取的形态造型（图 2-14 ～图 2-16）为基础所做的“创想公社”方案设计。设计时冯兆迪同学在对图 2-16 进行解读的过程中将创意办公、艺术工作室等使用功能“赋予”其中，使得原本仅仅作为食物糖果而存在的“牛轧糖”对象物，借助 3D 扫描仪这个工具，成为形态的原型，并从中获得形态造型的模型数据。该形态造型在经过了“空间解读”及“观念赋予”，被注入了实际的使用功能后，转换成轴测图（图 3-15）、立面图（图 3-16）及平面图（图 3-17）。至此，形态本身也就转换为了建筑。在完成了从形态到建筑的转换过程之后，还需要为这个建筑寻找一个适合它存在的空间、环境与场所。冯兆迪同学选定北京中关村周边作为其立地环境，并将其命名为创想公社。

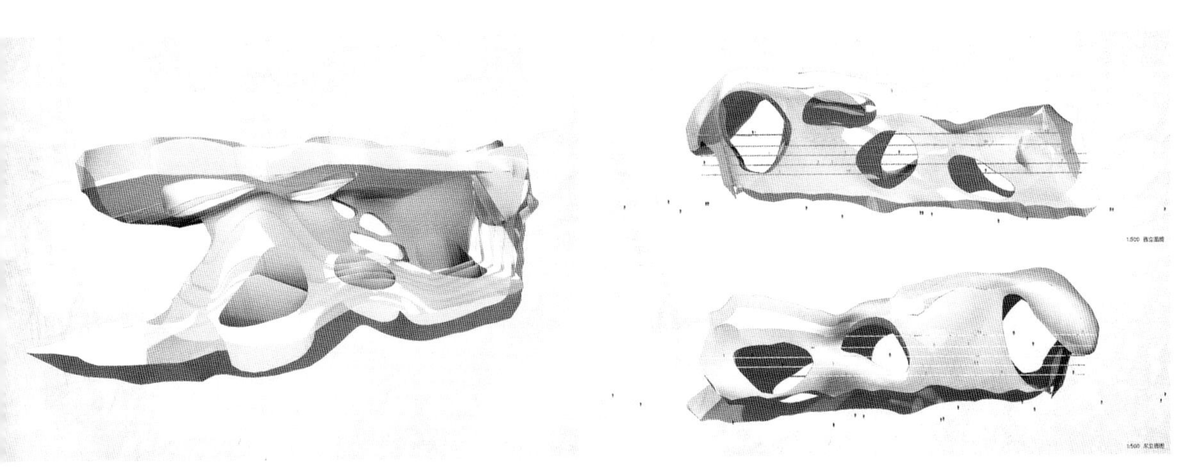

图 3-15　轴测图　　　　图 3-16　立面图

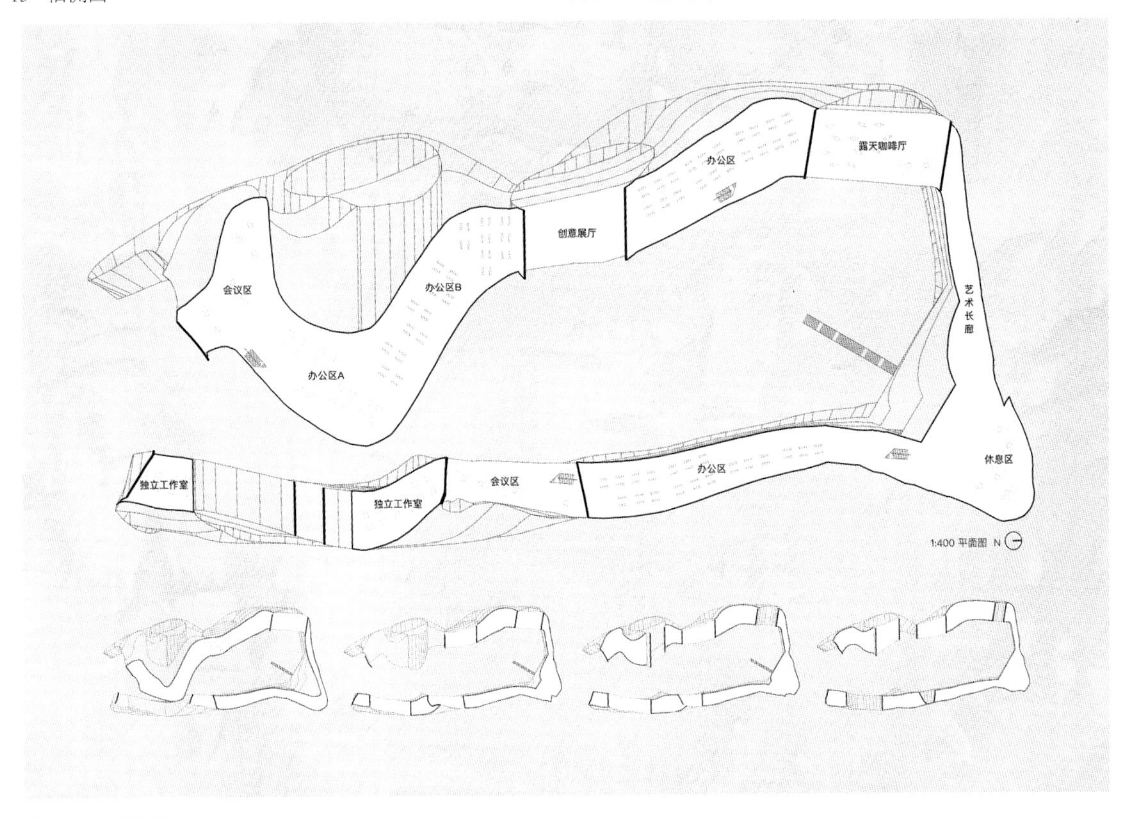

图 3-17　平面图

朝阳公园游泳馆设计

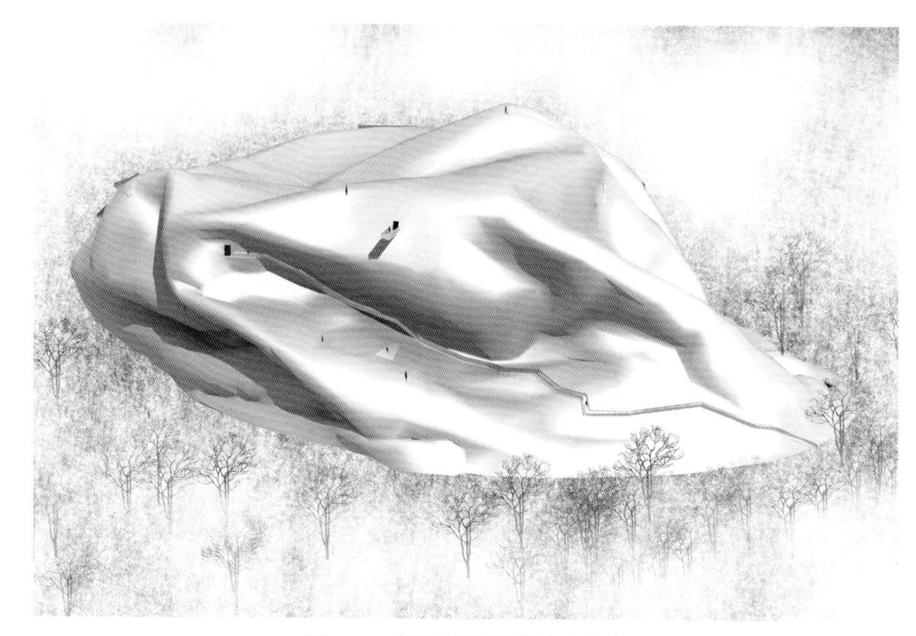

图 3-18　朝阳公园游泳馆方案设计

图 3-18 是吴浩伟同学以上一章中扫描的日常生活用的帽子 (图 2-21) 所获取的形态造型 (图 2-22、图 2-23) 为基础所做的美术馆方案设计。设计时吴浩伟同学在对图 2-23 进行解读的过程中将游泳馆建筑的使用功能“赋予”其中，使得原本仅仅作为日常生活中使用的帽子的对象物，借助 3D 扫描仪这个工具，成为形态的原型，并从中获得形态造型的模型数据。该形态造型在经过了“空间解读”及“观念赋予”，被注入了实际的使用功能后，其转换成的结果的剖面图和平面图如图 3-19、图 3-20 所示。至此，形态本身也就转换为了建筑。在完成了从形态到建筑的转换过程之后，还需要为这个建筑寻找一个适合它存在的空间、环境与场所。吴浩伟同学选定北京朝阳公园周边作为其立地环境，并将其命名为朝阳公园游泳馆。

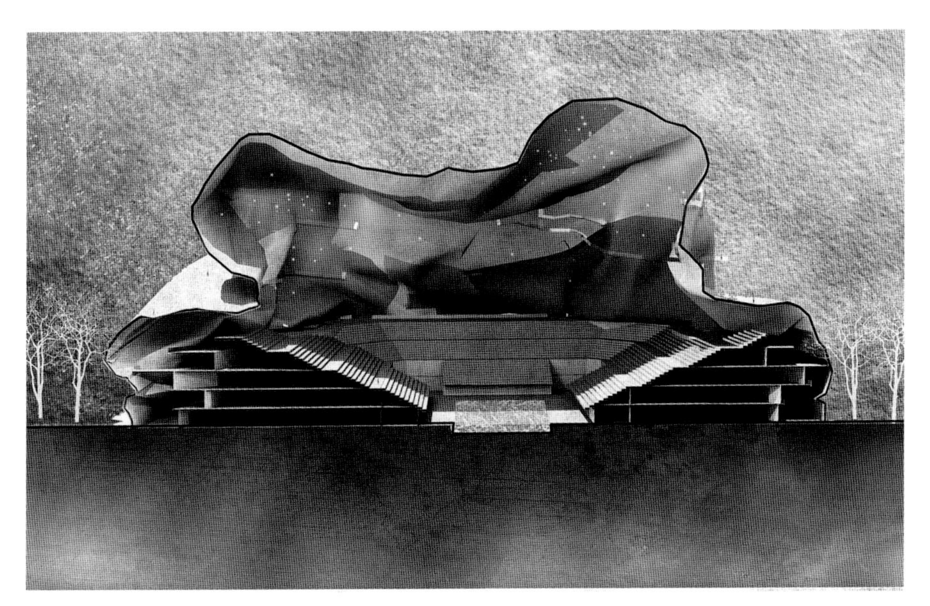

图 3-19　朝阳公园游泳馆剖面图

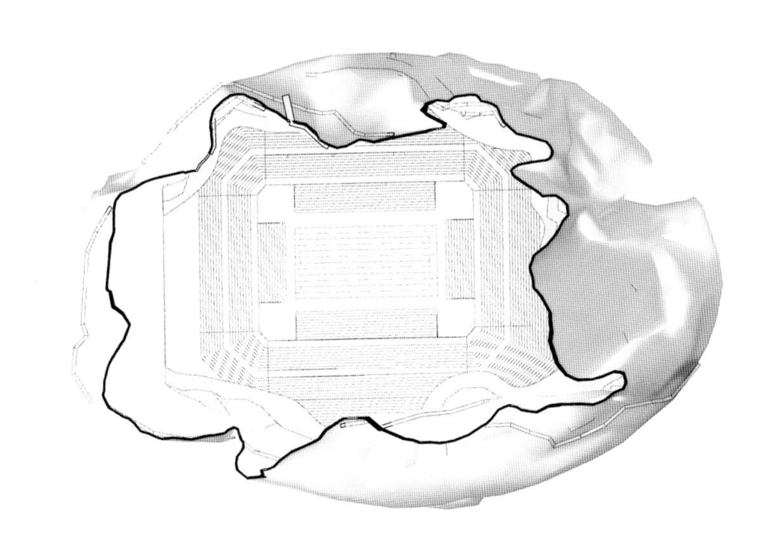

图 3-20　朝阳公园游泳馆平面图

图 3-21 海之舟方案设计

图 3-21 是于博赞同学以上一章中扫描树叶 (图 2-24) 所获取的形态造型 (图 2-25、图 2-26) 为基础所做的“海之舟”方案设计。设计时于博赞同学在对图 2-26 进行解读的过程中将展览、观景的使用功能“赋予”其中，使得原本仅仅作为一个“落叶”而存在的对象物，借助 3D 扫描仪这个工具，成为形态的原型，并从中获得形态造型的模型数据。该形态造型在经过了“空间解读”及“观念赋予”，被注入了实际的使用功能后，其转换成的空间风景图如图 3-22、图 3-23 所示。至此，形态本身也就转换为了建筑。在完成了从形态到建筑的转换过程之后，还需要为这个建筑寻找一个适合它存在的空间、环境与场所。于博赞同学选定秦皇岛海滨作为其立地环境，并将其命名为 “海之舟”。

图 3-22　海之舟内部

图 3-23　海之舟内部

观景台设计

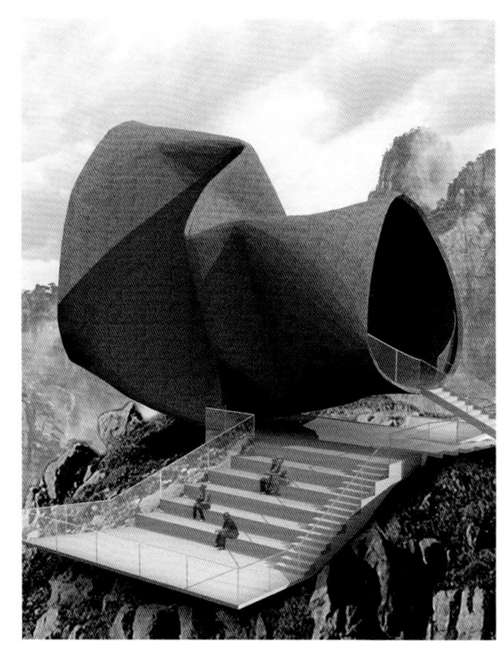

图 3-24　观景台方案设计

图3-24是于国华同学以上一章中扫描“被挤压后的纸杯”(图2-27)所获取的形态造型(图2-28～图2-30)为基础所做的观景台方案设计。设计时于国华同学在对图2-30进行解读的过程中，将观景亭的使用功能“赋予”其中，使得原本仅仅作为“捏了一下马上要扔掉的奶茶杯”而存在的对象物，借助3D扫描仪这个工具，成为形态的原型，并从中获得形态造型的模型数据。该形态造型在经过了“空间解读”及“观念赋予”，被注入了实际的使用功能后，转换成相关图纸(图3-25～图3-27)。至此，形态本身也就转换为了建筑。在完成了从形态到建筑的转换过程之后，还需要为这个建筑寻找一个适合它存在的空间、环境与场所。于国华同学选定黄山景区作为其立地环境，并将其命名为观景亭。

图 3-25　观景台内部空间

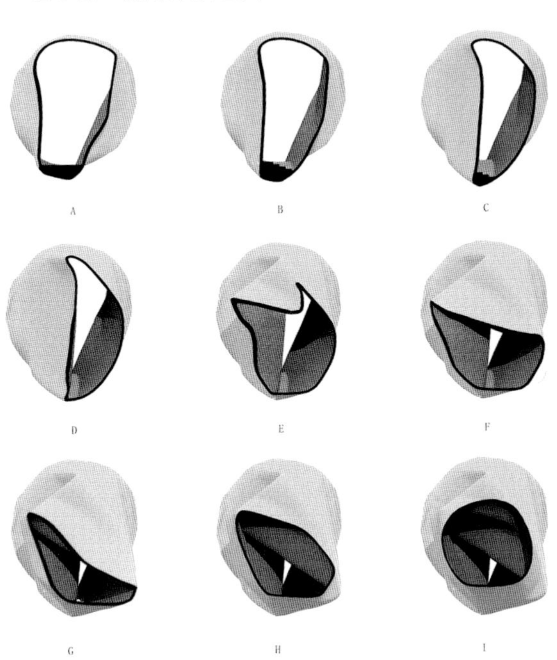

图 3-26　观景台系列剖面

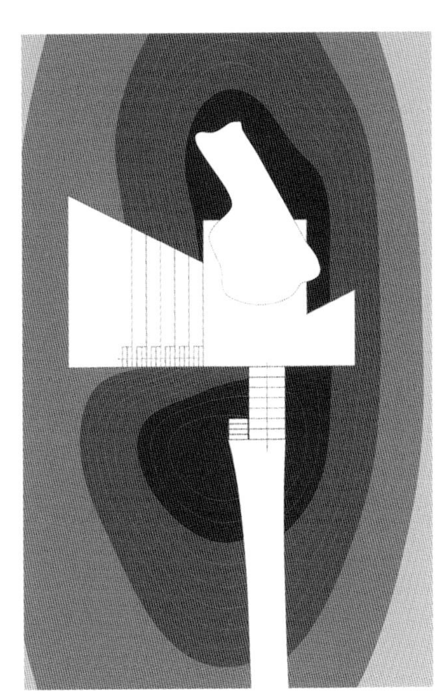

图 3-27　观景台平面图

城市文明纪念塔设计

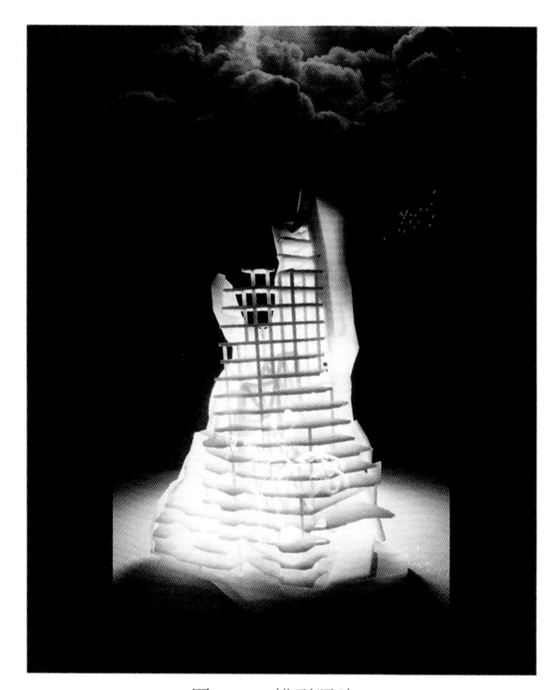

图 3-28　模型照片

图3-28是丁玥同学以上一章中扫描“腐朽的木块”(图2-3)所获取的形态造型(图2-4)为基础所做的办公建筑的方案设计。设计时丁玥同学在对图2-4进行解读的过程中，将办公建筑的使用功能“赋予”其中，使得原本仅仅作为“树根”而存在的对象物，借助3D扫描仪这个工具，成为形态的原型，并从中获得形态造型的模型数据。该形态造型在经过了“空间解读”及“观念赋予”，被注入了实际的使用功能后，转换成相关图纸(图3-29～图3-33)。至此，形态本身也就转换为了建筑。在完成了从形态到建筑的转换过程之后，还需要为这个建筑寻找一个适合它存在的空间、环境与场所。丁玥同学选定北京CBD的中央电视台周边作为其立地环境，并将其命名为城市文明纪念塔。

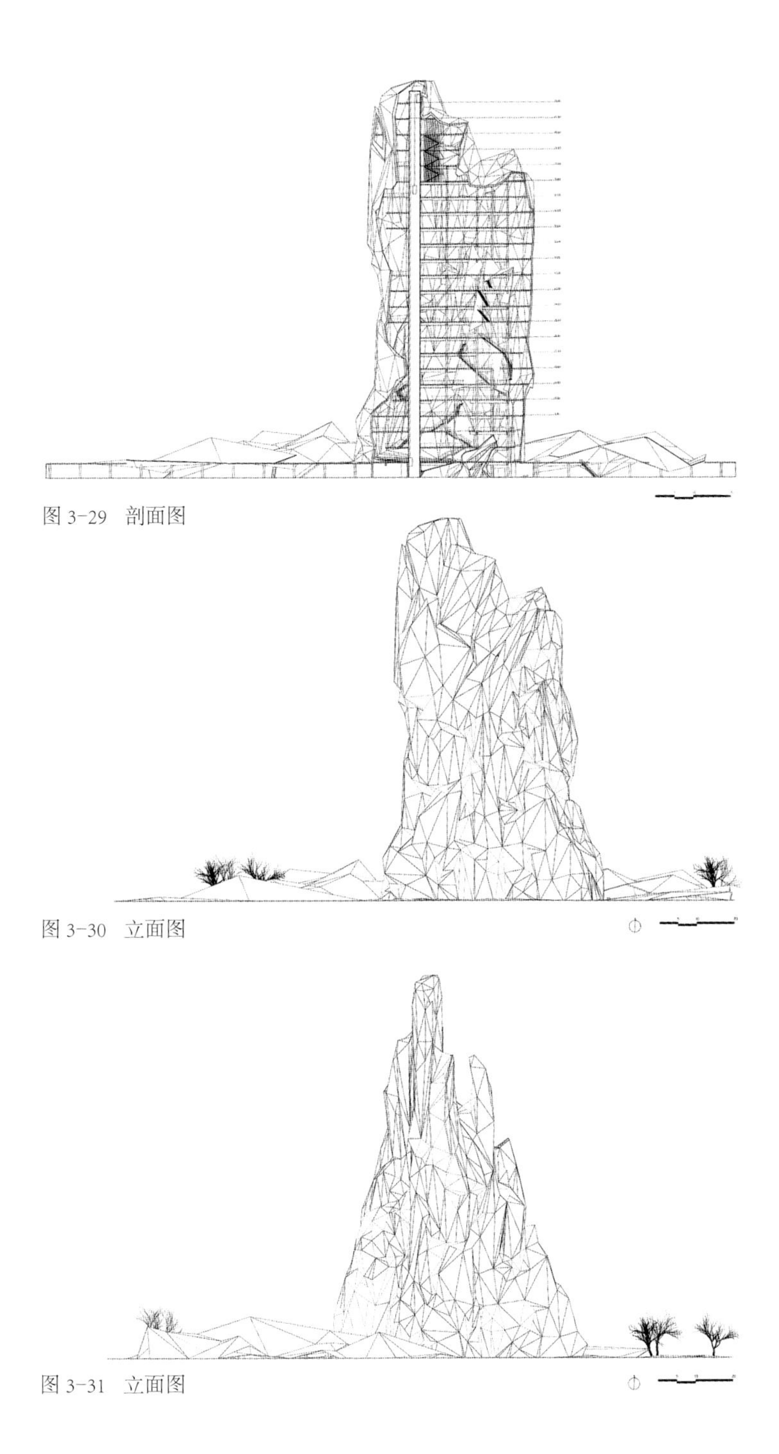

图 3-29 剖面图

图 3-30 立面图

图 3-31 立面图

图 3-32 设计表现图

图 3-33　设计表现图

结语

形态的选择过程实际上是一个转变设计方法的过程，本书所列举的同学们的案例仅仅起到示意作用。期待读者能够由此出发开始自由的创作。

保持自由的思想，以自由的视线与自由的精神去面对周边一切拥有形态的对象物，必会发现处处都有建筑形态的原型。而一旦从这样的视角去看待建筑形态造型问题的时候，既存的一切天然和人工的对象物，石块、蔬果、垃圾、雕塑等日常生活中目光所及的一切，均可根据需要随时转换为建筑形态造型的原型。

有必要加以说明的是，本书采用的 3D 扫描仪只能获取所选取的对象物体外表皮的造型数据，如果采用 CT 扫描技术，对象物体的内部空间结构将会伴随扫描结果呈现出来，随之带来的拥有内部空间关系的数据模型，将对空间解读和观念赋予提供全新的视角。

或许有朋友会有疑问，“空间与观念赋予”及“形态与观念赋予”之后建筑还有什么可学的吗？我认为：建筑设计的最高境界其实是要把设计者大脑中的那个世界呈现出来。

本文最后，请允许我仍然使用在《空间与观念赋予》一书结尾时曾写的那句话：一切才刚刚开始。

图片制作者如下：

图 3-1　黄居正 摄影
图 1-1、图 1-2、图 1-7 以及扉页图片　王风雅 摄影

P31 的图片以及 P42、P43 图片均由陈美竹同学制作
P34 的图片以及 P44、P45 图片均由贾紫薇同学制作
P32 的图片以及 P46、P47 图片均由范超逸同学制作
P33 的图片以及 P48、P49 图片均由冯兆迪同学制作
P35 的图片以及 P50、P51 图片均由吴浩伟同学制作
P36 的图片以及 P52、P53 图片均由于博赞同学制作
P37 的图片以及 P54、P55 图片均由于国华同学制作
P30 的图片以及 P56 ～ P59 图片均由丁玥同学制作

感谢各位为本书提供的图片

作者介绍

王昀简介

985 年毕业于北京建筑工程学院建筑系
获学士学位
995 年毕业于日本东京大学
获工学硕士学位
999 年毕业于日本东京大学
获工学博士学位
001 年执教于北京大学
002 年成立方体空间工作室
013 年创立北京建筑大学建筑设计艺术研究中心
担任主任
015年于清华大学建筑学院担任设计导师

建筑设计竞赛获奖经历:
993 年日本《新建筑》第 20 回日新工业建筑设计竞赛获二等奖
994 年日本《新建筑》第 4 回 S×L 建筑设计竞赛获一等奖

主要建筑作品:
普美办公楼门厅增建，60 ㎡极小城市，石景山财政局培训中心，庐师山庄，
百子湾中学，百子湾幼儿园，杭州西溪湿地艺术村 H 地块会所等。

参加展览:
004 年 6 月“‘状态’中国青年建筑师 8 人展”
004 年首届中国国际建筑艺术双年展
006 年第二届中国国际建筑艺术双年展
009 年比利时布鲁塞尔“‘心造’——中国当代建筑前沿展”
010 年威尼斯建筑艺术双年展
德国卡尔斯鲁厄 Chinese Regional Architectural Creation 建筑展
011 年捷克布拉格中国当代建筑展
意大利罗马“向东方——中国建筑景观”展
中国深圳 · 香港城市建筑双城双年展
012 年第十三届威尼斯国际建筑艺术双年展中国馆等

图书在版编目（CIP）数据

形态与观念赋予 / 王昀著 . -- 北京 : 中国电力出版社 , 2019.8
ISBN 978-7-5198-3468-5
Ⅰ . ①形… Ⅱ . ①王… Ⅲ . ①建筑设计－造型设计－研究 Ⅳ . ① TU2
中国版本图书馆 CIP 数据核字 (2019) 第 156131 号

出版发行：中国电力出版社
地　　址：北京市东城区北京站西街19号 100005
网　　址：http://www.cepp.sgcc.com.cn
责任编辑：王 倩
封面设计：方体空间工作室（Atelier Fronti）
版式设计：王风雅
责任印制：杨晓东
责任校对：黄 蓓 马 宁
印　　刷：北京雅昌艺术印刷有限公司
版　　次：2019年8月第1版 · 第1次印刷
开　　本：787mm×1092mm 1/16
印　　张：4.375印张
字　　数：55千字
印数：1-3000册
定价：48.00元